Wir entdecken und bestimmen

das Leben im Wald

Herausgegeben
von Sue Jacquemier
Deutsche Fassung
von Hans Joachim Conert

Otto Maier Verlag Ravensburg

Inhalt

Hinweis:
Dieser Band enthält Abbildungen aus folgenden Bänden der Reihe „Wir entdecken und bestimmen": Band 496 Bäume, Band 491 Vögel, Band 541 Tierspuren, Band 495 Wildpflanzen, Band 539 Insekten.

Erstmals 1980 in den Ravensburger Taschenbüchern
Lizenzausgabe mit Genehmigung der Usborne Publishing Ltd., London
Originaltitel: "Spotter's Guide to Woodland Life"
Originalverlag: Usborne Publishing Ltd., London

Beiträge von: Jessica Datta, Esmond Harris, Peter Holden, Chris Humphries, Alfred Leutscher, Ruth Thomson
Illustrationen: John Barber, Joyce Bee, Trevor Boyer, Hilary Burn, William Giles, Victoria Goaman, Andy Martin, Annabel Milne & Peter Stebbing, Chris Shields, Phil Weare
Gestaltung: Sally Burrough / Cloud Nine Design
Beratung: Ted Ellis, Esmond Harris, Anthony Wootton
Umschlagentwurf: Graphisches Atelier, Otto Maier Verlag, unter Verwendung des Umschlags der Originalausgabe

Printed in Italy

7 6 5 4 88 87 86 85

ISBN 3-473-38624-3

Einleitung

Wie man dieses Buch benutzt

In diesem Buch werden Pflanzen und Tiere abgebildet und beschrieben, die du in den Wäldern Mitteleuropas beobachten kannst. Wenn du demnächst eine Wanderung machst, so nimm es mit und achte besonders auf die Lebewesen, die du durch die Abbildungen bereits kennst. Hake jede Art in dem Kreis ab, der neben dem Bild steht. Damit du dich leichter zurechtfindest, ist das Buch so in Abschnitte geteilt, daß die Bäume, die Vögel oder die Insekten stets zusammenstehen.

Was die Abbildungen zeigen

Bei den Bäumen ist der ganze Baum dargestellt; bei den Laubbäumen, wie er im Winter aussieht, denn dabei kann man das Astwerk am besten erkennen. Außerdem werden Blätter, Blüten und Früchte (bei den Nadelbäumen Zapfen) und die Rinde dargestellt, wenn sie zum Erkennen des Baumes wichtig ist.

Die Wildpflanzen sind meist als Ganzes gezeichnet, manchmal wird das Bild durch eine vergrößerte Blüte ergänzt.

Bei den Säugetieren wird das ganze Tier gezeigt, außerdem der

Abdruck eines Vorder- und eines Hinterfußes.

Es gibt viele 100 verschiedene Pilzarten, die unmöglich alle hier abgebildet werden können. Wir haben uns auf einige Beispiele beschränkt. Wenn du dich mehr mit den Pilzen beschäftigen willst, so mußt du auf jeden Fall ein spezielles Buch haben. Auf der Seite 59 werden einige genannt.

Die Pilze, die du nicht kennst, solltest du stehenlassen und nicht zerstören. Vielleicht ist der eine oder andere eßbar, und der nächste Wanderer freut sich darüber. Niemals darfst du Pilze essen, die nicht ein pilzkundiger Erwachsener kontrolliert hat!

Die Punktekarten

Am Ende des Buches findest du Punktekarten, in die du deine Funde eintragen kannst. Für jeden erhältst du eine Anzahl von Punkten, und wenn du am Abend wieder zu Hause bist, kannst du

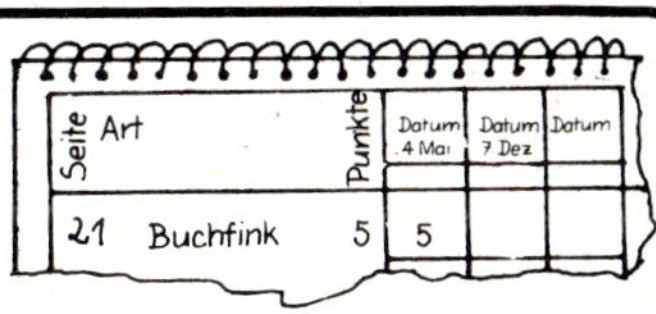

zusammenzählen, wie erfolgreich du auf der Wanderung warst.

Der richtige Maßstab

Die abgebildeten Pflanzen und Tiere sind so verschieden groß, daß sie nicht im gleichen Maßstab dargestellt werden können. Deshalb wird ihre Größe in der Beschreibung erwähnt. Wie die einzelnen Gruppen dabei gemessen werden, zeigen die folgenden Bilder.

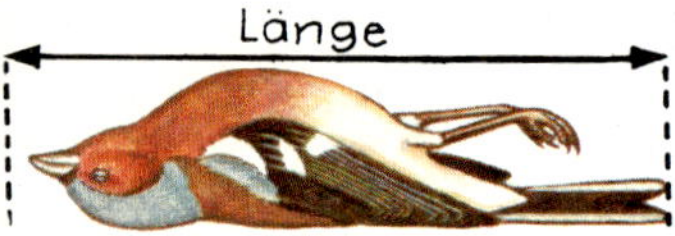

Vögel. Die Länge von der Schnabelspitze bis zur Schwanzspitze in cm.

Wildpflanzen, Farne und Bäume. Höhe in cm oder m.

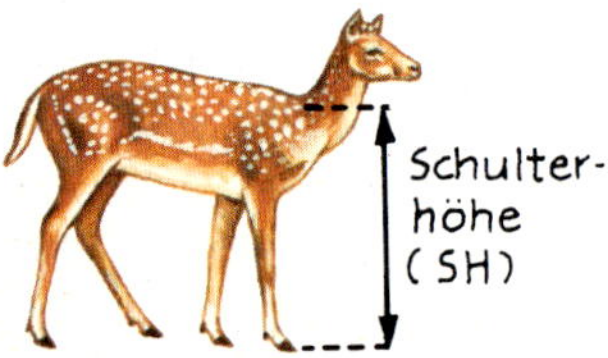

Huftiere. Die Schulterhöhe in m oder cm.

Kleinsäuger. Die Länge von der Nasenspitze bis zum Schwanzansatz in cm.

Schmetterlinge. Flügelspannweite in mm.

Insekten. Körperlänge (ohne die Fühler) in mm.

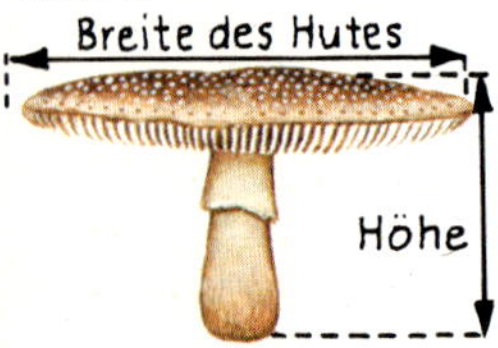

Pilze. Breite des Hutes und Höhe des Pilzes in cm.

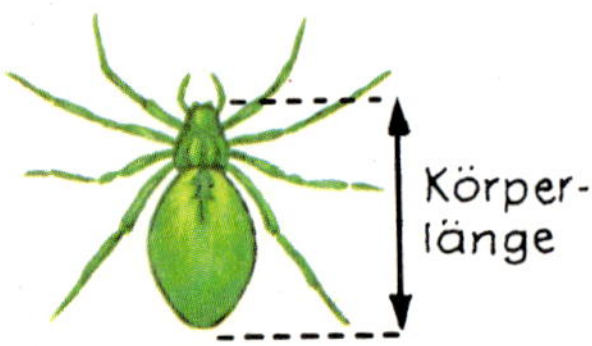

Spinnen. Körperlänge (ohne die Beine) in mm.

Der Schutz des Waldes

Die Lebensgemeinschaft

Der Wald ist eine Lebensgemeinschaft, in der viele verschiedene Pflanzen und Tiere zusammenleben. Jeder einzelne Bewohner ist auf die anderen angewiesen und kann ohne sie nicht existieren. Man muß deshalb dafür sorgen, daß alle Mitglieder dieser Lebensgemeinschaft geschützt werden.

So ist es z. B. ganz unmöglich, für die Pflege und Ausbreitung der Vögel zu sorgen, wenn man gleichzeitig die Bäume und Sträucher vernichtet, von deren Beeren sie sich ernähren.

Wenn du in den Wald gehst, so solltest du dir das vorher einmal überlegen. Dann wirst du bald verstehen, daß man keine Pflanzen ausgraben und keine Äste abbrechen darf, daß man einen brütenden Vogel oder ein äsendes Reh nicht stören darf und daß auch ein giftiger Pilz zu dieser Lebensgemeinschaft gehört.

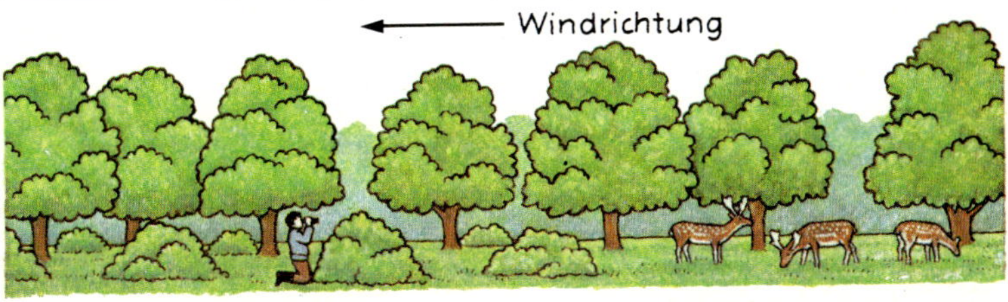

Wie man Tiere beobachtet

Wenn du eine Wanderung durch den Wald machst, willst du natürlich auch Tiere beobachten. Du wirst dabei zuerst an Hirsche und Rehe, Wildschweine oder Füchse denken. Wenn du an diese scheuen Tiere nahe genug heran kommen willst, so mußt du einige Regeln beachten: Ziehe möglichst dunkle Kleidung an, damit du schwer zu erkennen bist. Setze eine Mütze mit breitem Schirm auf, damit dein Gesicht nicht weithin leuchtet. Wenn du dich anschleichst, so achte darauf, daß dir der Wind entgegenbläst, damit die Tiere dich nicht riechen können. Tritt möglichst auf Gras oder Moos, aber nicht auf Zweige, die mit einem lauten Geräusch zerbrechen. Versuche, immer hinter Bäumen und Gebüschen zu bleiben, damit die Tiere dich nicht sehen können. Wenn du nahe heran gekommen bist, so benutze dein Fernglas, um sie genau zu betrachten. Zuletzt ziehst du dich genauso vorsichtig zurück, um die Tiere nicht zu stören. Nur wer von Tieren nichts versteht, wird sie jetzt erschrecken und verjagen.

Laubbäume

▲ **Stieleiche**

Ein wichtiger Waldbaum, kann über 1000 Jahre alt werden. Stamm mit tief gefurchter Borke. Blätter kurz gestielt. Fruchtbecher kahl. Verbreitet. April-Mai.

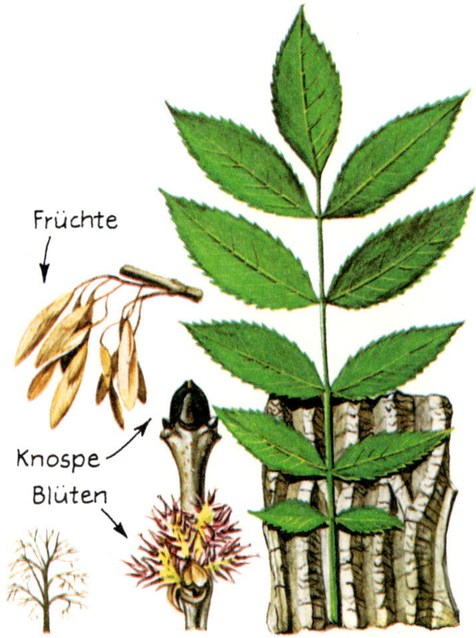

▲ **Gemeine Esche**

Blätter mit 9-13 Blättchen. Blüten vor den Blättern erscheinend. Knospen schwarz. In Laubwäldern und Gebüschen; häufig. April-Mai.

▲ Rotbuche

Ein wichtiger Waldbaum. Blätter zuerst seidig behaart, grün oder rotbraun (Blutbuche). Früchte (Bucheckern) eßbar, 3-kantig. Überall in Laubwäldern. April-Mai.

▲ Hängebirke

Junge Zweige herabhängend. Blätter dreieckig, mit langer Spitze. Früchte geflügelt. In Wäldern; weit verbreitet. April-Mai.

▲ Schwarzerle

Zweige kahl. Blätter oberseits kahl, unterseits hellgrün, mit rotbraunen Haarbüscheln. Verbreitet und häufig; an Gewässern. März-April.

▲ Bergahorn

Ein wertvoller Laubbaum. Blätter 5-lappig, oberseits dunkelgrün, unterseits graugrün. Blüten und Früchte in einer hängenden Traube. Laubwälder; verbreitet. Mai-Juni.

▲ **Echte Kastanie**

Blätter unterseits behaart. Frucht (Marone) eßbar. In Süddeutschland eingebürgert, sonst angepflanzt und selten. Heimat: Mittelmeergebiet. Mai-Juni.

▲ **Vogelbeere, Eberesche**

Ein wertvoller Waldbaum. Blätter aus 9-15 Blättchen zusammengesetzt, unterseits behaart. Früchte bitter, aber vitaminreich. Wälder, Kahlschläge; verbreitet. Mai.

Bäume

▲ Vogelkirsche

Blattstiel am oberen Ende mit 1-2 auffallenden Drüsen. Früchte etwa 1 cm groß. Laubwälder; nicht selten. Kultursorten als Obstbaum angepflanzt. April-Mai.

▲ Stechpalme

Blüte klein. Frucht eine rote Steinfrucht mit 4 Samen. Wälder in West- und Norddeutschland; sonst nur angepflanzt und selten. Mai-Juni.

▲ Salweide

Blätter eiförmig, etwas gekerbt, oberseits dunkelgrün und kahl, unterseits blaugrün und filzig. Laubwälder, Lichtungen; häufig. Holz sehr weich. März-Mai.

▲ Zitterpappel

Stamm zuerst glatt, später mit rissiger, dunkler Borke. Blätter fast kreisförmig, stumpf gezähnt. Lichte Laubwälder; verbreitet und häufig. März-April.

▲ Hainbuche

Blätter schmal-eiförmig, zugespitzt. Frucht mit einer 3-lappigen Hülle verwachsen. Laubwälder; auch als Hecke angepflanzt und überall häufig. Mai-Juni.

▲ Eingriffeliger Weißdorn

Strauch oder Baum. Blätter tief gelappt. Blüten in dichten Rispen, Stiele behaart. Gebüsche, Laubwälder; überall verbreitet. Mai-Juni.

▲ Holunder ⊗

Bis 4 m hoch, mit zusammengesetzten Blättern. Die weißen Blüten in einer dichten Dolde. Alle Teile des Strauches (mit Ausnahme der schwarzen Früchte) sind giftig! Häufig an Waldrändern und in Hecken.

▲ Waldkiefer ⊗

Ein wichtiger Waldbaum. Nadeln unterseits blaugrün. Zapfen zuerst grün, später verholzend und braun. Kiefern- und trockene Mischwälder, häufig angepflanzt. Mai-Juni.

Nadelbäume

▲ **Europäische Lärche**

Ein häufiger Waldbaum. Junge Zweige dunkelbraun. Nadeln im Herbst abfallend. Zapfen bis 2 cm lang. Nadelwälder; in den Alpen wild, sonst angepflanzt. April-Juni.

▲ **Gemeine Fichte**

Ein wichtiger Waldbaum. Nadeln 4-kantig, spitz und stechend. Zweige rauh wie eine Raspel. Wild nur in den Mittelgebirgen und Alpen, aber überall angepflanzt. April-Juni.

▲ Weißtanne

Nadeln flach, Unterseite mit 2 Wachsstreifen. Zweige rund und glatt. Nur in Süd- und Mitteldeutschland heimisch, sonst angepflanzt und ziemlich selten. Mai-Juni.

▲ Eibe

Bäume männlich oder weiblich. Nadeln bis 3 cm lang, flach, immergrün. Zerstreut in Laubwäldern, Kalk liebend. Rinde, Nadeln und Knospen sind giftig! März-April.

Vögel

◂ **Ziegenmelker oder Nachtschwalbe**

Brütet bei uns in Heidegebieten und Mooren. Überwintert in Afrika. Jagt in der Dämmerung Käfer und Nachtschmetterlinge. Etwa 27 cm lang.

▸ **Sperber**

Brütet und überwintert bei uns. Lebt vor allem in Nadelwäldern. Jagt meist Singvögel. Männchen 30 cm lang, Weibchen 38 cm lang.

◂ **Mäusebussard**

Ist bei uns häufig. Brütet im Wald, braucht aber zur Jagd Felder und Wiesen. Rüttelt über einer Stelle und stößt blitzschnell auf Mäuse, Würmer und auch Vögel herab. 50-56 cm lang.

▸ **Waldkauz**

Von unseren Eulen die häufigste. Lebt in Wäldern und Parks. Schläft tagsüber auf Bäumen. Erbeutet Mäuse und Kaninchen sowie Vögel. 37-40 cm lang.

Buntspecht

Bei uns der häufigste Spechtvogel. Lebt in Wäldern und hackt Insektenlarven aus morschen Bäumen. 23-25 cm lang.

Grünspecht

Brütet in Laub- und Mischwäldern in Baumhöhlen. Hält sich viel auf dem Boden auf und fängt Ameisen, aber auch Hummeln und Käfer. Frißt auch Früchte. 32-35 cm lang.

Kleinspecht

Brütet in Laub- und Mischwäldern. Bewohnt Baumkronen. Frißt Insekten, aber auch Früchte. Etwa 15 cm lang, so groß wie ein Spatz.

◀ Mönchsgrasmücke

Brütet in Wäldern, Gebüschen und Gärten; überall, wo es viele Büsche gibt. Frißt Insekten und andere kleine Tiere. Etwa 14 cm lang.

▶ Fitis

Gehört zu den häufigeren Singvögeln. Brütet bei uns, überwintert in Afrika. Lebt in feuchten Wäldern. Das Nest wird auf dem Boden gebaut, ist aber gut versteckt. Etwa 11 cm lang.

◀ Zilpzalp

Hat seinen Namen nach dem Gesang. Kommt im März zum Brüten zu uns. Lebt in Wäldern, oft in Wassernähe. Sucht nach Insekten und Spinnen. Etwa 11 cm lang.

▶ Waldlaubsänger

Brütet bei uns, zieht aber bereits im August nach Afrika, kommt Ende April zurück. Lebt in Laubwäldern. Das Nest steht auf dem Boden. Etwa 13 cm lang.

◀ Schwanzmeise

Brütet bei uns und lebt in Gehölzen und Gebüschen. Sucht Insektenlarven. Etwa 14 cm lang, davon mehr als die Hälfte der Schwanz.

▶ Sumpfmeise

Brütet bei uns. Lebt in Laubwäldern. Frißt Insekten, Samen und Früchte. 11-12 cm lang.

◀ Gartengrasmücke

Brütet in baumbestandenen Wiesen und an Waldrändern, überwintert in Afrika. Frißt Insekten und auch Beeren. Etwa 14 cm lang.

▶ Tannenmeise

Brütet in Nadelwäldern. Frißt kleine Insekten und Samen. Hat einen weißen Fleck auf dem Hinterkopf. Etwa 11 cm lang.

◀ Trauerschnäpper ◯

Brütet bei uns und zieht danach nach Afrika. Bewohnt Laubwälder. Frißt Insekten und ihre Larven. Etwa 13 cm lang.

▶ Gartenrotschwanz ◯

Macht knicksende Verbeugungen. Ist in Wäldern häufig. Überwintert in Afrika und Arabien. Frißt Insekten. Etwa 14 cm lang.

◀◀ Sommergoldhähnchen ◯

◀ Wintergoldhähnchen ◯

Brüten bei uns, das Sommergoldhähnchen zieht aber im Herbst nach Süden. Leben meist in Nadelwäldern. Fressen Insekten und Spinnen. Etwa 9 cm lang.

▶ Rotkehlchen ◯

Ist häufig, brütet und bleibt auch im Winter bei uns. Lebt in Wäldern mit dichtem Unterwuchs. Hält sich viel auf dem Boden auf und frißt Insekten, Würmer und Früchte. Etwa 14 cm lang.

▸ Buchfink

Häufig. Brütet bei uns, die Weibchen ziehen meist im Herbst nach Süden. Lebt in Gehölzen aller Art. Frißt Insekten, Knospen, Früchte. 15-16 cm lang.

◂ Fichtenkreuzschnabel

Bei uns meist in Nadelwäldern der Gebirge. Ernährt sich von Fichtensamen, die aus dem Zapfen gezogen werden. 16-18 cm lang.

▸ Zeisig

Bei uns vor allem in den Wäldern der Alpen und Mittelgebirge. Frißt Früchte der Erlen und Birken sowie Fichten- und Tannensamen. Etwa 12 cm lang.

◂ Birkenzeisig

Die in England und Mitteleuropa vorkommende Rasse brütet in den Alpen, die nordischen Vögel überwintern bei uns in Laubwäldern. Etwa 13 cm lang.

◀ **Waldbaumläufer**

Brütet und überwintert bei uns. Lebt in Mischwäldern und klettert wie ein Specht an den Stämmen herum. Benutzt den Schwanz als Stütze. 12-13 cm lang.

▶ **Eichelhäher**

Auffallend durch seinen Ruf. Brütet und überwintert bei uns. Lebt in Wäldern. Frißt Kleintiere und Vögel sowie Früchte und Samen. Etwa 35 cm lang.

◀ **Kleiber**

Klettert auch kopfabwärts an Baumstämmen. Brütet und überwintert bei uns. Lebt in lichten Laubwäldern. Frißt Insekten, Spinnen und Samen. Etwa 14 cm lang.

▶ **Ringeltaube**

Bei uns die größte und häufigste Taube. Lebt in Wäldern, Parks und Grünanlagen. Bildet im Herbst große Schwärme. 40-44 cm lang.

Fasan

Oft auf Feldern zu sehen. Schläft auf Bäumen. Frißt Beeren, Eicheln, Blätter, aber auch Insekten, Würmer, Schnekken und Kleinsäuger. Hahn etwa 80 cm, Huhn etwa 60 cm lang.

Waldschnepfe

Brütet bei uns in Laub- und Mischwäldern. Frißt Insekten, Würmer und Schnecken. Fliegt erst in der Dämmerung. 34-36 cm lang.

Auerhuhn

Unser größter Hühnervogel. Kommt heute nur noch in den Alpen und Mittelgebirgen vor. Frißt Blätter und Knospen, später Beeren und Eicheln. Hahn etwa 86, Huhn etwa 62 cm lang.

Säugetiere

▸ Rothirsch

Lebt rudelweise in Wäldern und Grasländern. Im Winter bilden Männchen und Weibchen eigene Rudel. Frißt Gras, Eicheln, Zweige, aber auch Mais und Kartoffeln. SH 1,5 m.

◂ Damhirsch

Stammt aus dem Mittelmeerraum, ist aber bei uns eingebürgert. Lebt in Wäldern und Parklandschaften und ernährt sich wie der Rothirsch. SH 1 m.

▸ Reh

Lebt im Sommer in kleinen Familienverbänden, im Winter in größeren Rudeln in Wäldern und offener Landschaft. Frißt Laub, Gräser, Getreide. SH 70 cm.

Vorderfuß *Hinterfuß*

◂ Rotfuchs

Kommt in Wäldern und offenen Landschaften vor. Baut eine Erdhöhle. Frißt kleine Säugetiere, aber auch Schnecken, Vögel, Regenwürmer und Geflügel. KRL 65 cm.

▶ **Dachs**

Ist nachts aktiv. Lebt in Wäldern, selten in der Nähe von Menschen. Die Familie bewohnt einen unterirdischen Erdbau mit zahlreichen Röhren. Frißt Würmer, Schnecken, Insekten, Vögel und kleine Säugetiere. KRL 80 cm.

Vorderfuß *Hinterfuß*

◀ **Iltis**

Bei uns der häufigste Marder. Lebt in Wäldern, an Teichen und Seen. Jagt nachts Kaninchen, Frösche und Eidechsen, frißt aber auch Insekten und Eier. Hat eine Stinkdrüse. KRL 40 cm.

▶ **Wildkatze**

Ist deutlich größer als die Hauskatze, hat kleine Ohren und kürzere Beine. Lebt in Wäldern, tagsüber in Kaninchenbauten. Frißt Vögel, Eier und Kleinsäuger. KRL 65 cm.

Vorderfuß *Hinterfuß*

Hat einen breiten Kopf

Vorderfuß *Hinterfuß*

◀ **Baummarder**

Lebt weit von Menschen entfernt in Wäldern. Ist sehr scheu und nachts aktiv. Kann gut klettern und hält sich meist in Baumkronen auf. Frißt Vögel und Kleinsäuger. KRL 50 cm.

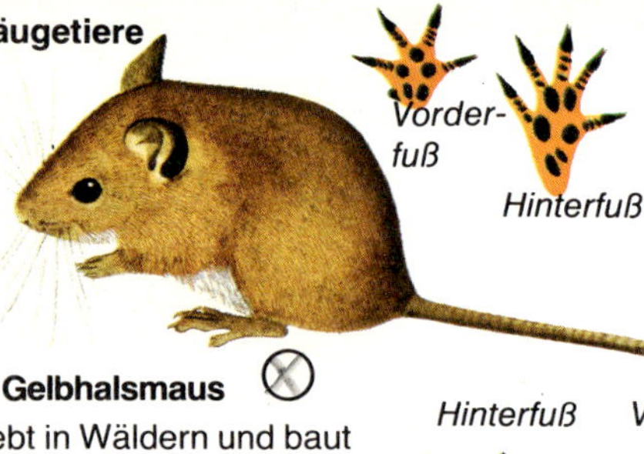

◀ Waldmaus

Lebt an Waldrändern, überall, wo es einen dichten Bodenbewuchs gibt. Baut Erdröhren und frißt Samen, Knospen und Früchte. KRL 9 cm.

▶ Gelbhalsmaus

Lebt in Wäldern und baut Nester in Felsspalten oder Baumhöhlen. Kann sehr gut klettern. Frißt Eicheln, Bucheckern und Nüsse. KRL 10 cm.

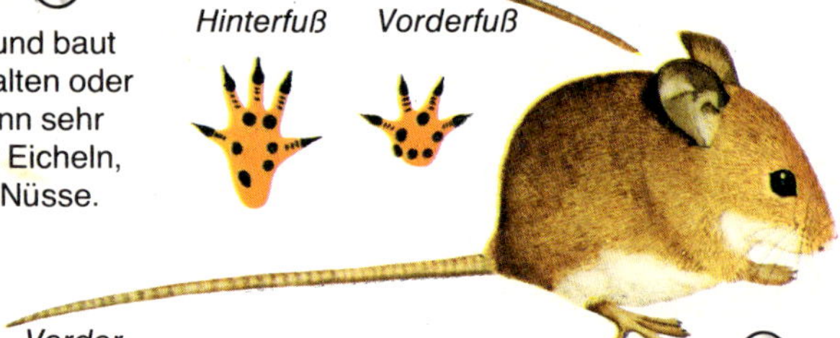

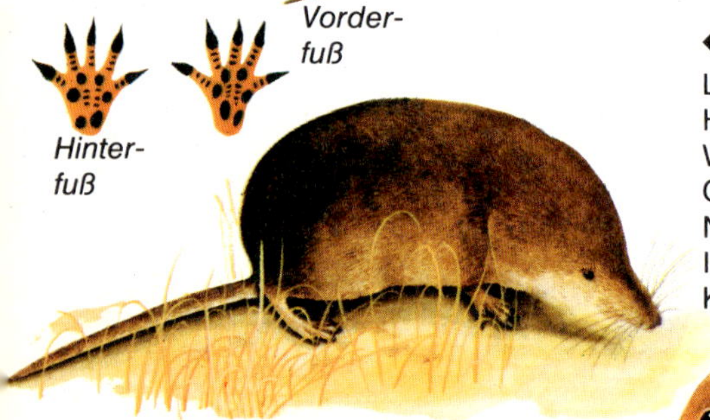

◀ Waldspitzmaus

Lebt an Waldrändern in Hecken, auf Äckern und Wiesen, im Winter auch in Gebäuden. Ist Tag und Nacht unterwegs. Frißt Insekten und Würmer. KRL 7 cm.

▶ Haselmaus

Lebt in Mittel- und Süddeutschland in Wäldern zwischen Brombeeren und Gebüschen. Baut ein Nest aus Gras, Laub und Moos. Wird erst abends aktiv. Frißt Knospen, Beeren und Samen. KRL 8 cm.

▶ Zwergspitzmaus

Das kleinste Säugetier Mitteleuropas. Ist bei uns ziemlich selten. Der Lebensraum ähnelt dem der Waldspitzmaus. KRL 5 cm.

▲ Grauhörnchen

Seit 1889 in England eingebürgert. Hat sich dort so stark ausgebreitet, daß es das Eichhörnchen weitgehend verdrängt hat. KRL 27 cm.

▲ Eichhörnchen

Lebt fast ausschließlich in Baumkronen und baut dort seine Nester. Frißt Knospen, Rinde, Samen, Nüsse. KRL 23 cm.

◀ Wildkaninchen

Lebt in offenen Landschaften, auch am Waldrand. Baut Erdhöhlen. Frißt Gräser, Klee und Gemüse. KRL 40 cm.

▶ Feldhase

Kommt auf Feldern und an Waldrändern vor. Lebt einzeln. Frißt Gräser, Klee und andere Kräuter, im Winter Rinde. KRL 58 cm.

Eßbare Pilze

Es gibt so viele verschiedene Arten von Pilzen in den Wäldern, daß hier nur ein ganz geringer Teil abgebildet werden kann. Wenn du einen Pilz nicht genau kennst, so laß ihn stehen und iß ihn nicht!

▶ Edelreizker

Im Herbst in Fichtenwäldern. Hut oft klebrig, 5-10 cm breit, am Rand eingebogen. Lamellen weit am Stiel herablaufend, Stiel manchmal hohl.

◀ Violetter Lacktrichterling

Im Herbst in Laubwäldern und Heiden. Hut 2-5 cm breit, zerbrechlich. Lamellen breit, entfernt, blauviolett. Sporen weiß. Eßbar, aber die Stiele sind zäh.

▶ Nelken-Schwindling

Im Herbst auf Wiesen – selten in Nadelwäldern. Hut 3-6 cm breit, zuerst glockig, dann flach und in der Mitte etwas gebuckelt. Stiel bis 10 cm lang. Wohlschmeckender Speisepilz.

◀ Kahler Krempling

Im Sommer und Herbst in Wäldern und Heiden. Hut 6-12 cm breit, am Rande eingerollt und behaart. Gekocht eßbar, aber nicht wohlschmeckend. Dauerhafter Genuß schädlich.

Eßbare Pilze

◀ **Pfifferling**

Im Herbst in Buchen- und Eichenwäldern. Ist 3-5 cm hoch, dunkelgelb gefärbt und riecht nach Aprikosen. Hut 3-9 cm breit, trichterförmig, am Rand wellig. Lamellen dick, verästelt. Guter Speisepilz.

▶ **Wald-Champignon**

Im Herbst vorwiegend in Fichtenwäldern. Hut 5-10 cm breit, mit zahlreichen braunen Flecken. Lamellen zuletzt dunkelbraun. Stiel weiß, 5-8 cm lang, das Fleisch wird an der Schnittfläche rosarot. Guter Speisepilz.

◀ **Steinpilz**

Im Sommer und Herbst in Nadel- und Laubwäldern. Hut 5-20 cm breit, bei Feuchtigkeit etwas klebrig. Röhren erst weißlich, dann gelblich. Sehr guter Speisepilz.

▶ **Hallimasch**

Im Herbst an Baumstämmen oder totem Holz. Hut honigfarben, bis 12 cm breit. Lamellen erst weiß, dann braungelb. Stiel 5-15 cm lang. Ring dicht unter dem Hut. Eßbar, aber nicht wertvoll.

Giftige und nicht eßbare Pilze

Es gibt nicht viele giftige Pilze, aber diese mußt du genau kennen, wenn du Pilze sammeln willst. Die wenigen hier abgebildeten Arten reichen dazu nicht aus. Unbedingt den Rat eines Pilzkenners einholen!

▶ **Graukappe, Nebelgrauer Trichterling** ⊗

Häufig, im Herbst in dichten Wäldern. Hut grau getönt, 7-15 cm breit. Lamellen dicht, etwas am Stiel herablaufend. Stiel bis 12 cm lang. Unangenehmer Geruch, nicht schmackhaft.

◀ **Kirschroter Spei-Täubling** ⊗

Häufig, im Herbst in Nadelwäldern und auf Moorboden. Hut 6-9 cm breit, anfangs klebrig und scharlachrot, später ausbleichend. Lamellen und Stiel weiß. Hat einen scharfen Geschmack. Ungenießbar.

▶ **Brätling** ⊗

In Laub- und Nadelwäldern. Hut 5-15 cm breit, orangebraun, matt. Lamellen heller, mit grauem, scharfem Milchsaft. Nicht giftig, aber von eigenartigem Geschmack.

◀ **Grüner Knollenblätterpilz** ⊗

Im Sommer und Herbst häufig in Laubwäldern. Hut 7-10 cm breit, fahlgelb bis dunkel olivgrün, aber auch weiß. Lamellen dünn, weiß, dicht nebeneinander. Stiel 8-13 cm lang, am Grunde knollenförmig und mit den Resten einer Haut. Ring weiß. Tödlich giftig!

Giftige und ungenießbare Pilze

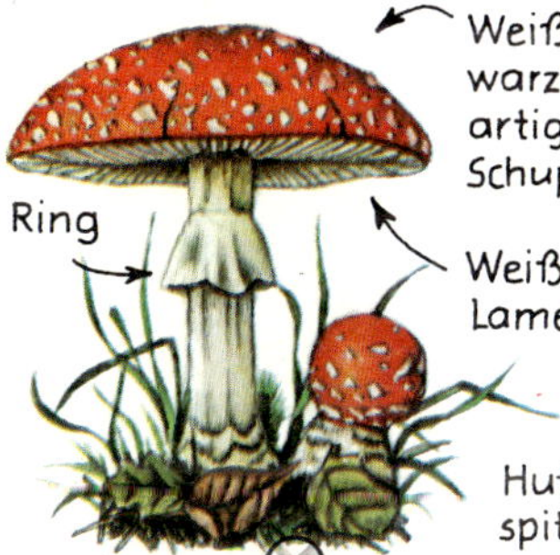

◀ Fliegenpilz

Von August bis November in Birken- und Nadelwäldern. Hut bis 17 cm breit, orangerot bis scharlachrot, mit weißen Schuppen. Stiel bis 20 cm lang, unten verdickt, mit den Resten einer weißen Haut. Giftig!

▶ Stinkmorchel

Im Sommer und Herbst in Wäldern, auf humushaltigen Böden. Entwickelt sich in kurzer Zeit aus einem „Hexenei". Die Sporen werden von Fliegen verbreitet. Wird bis 15 cm hoch. Unangenehm stinkend.

◀ Riesenrötling

Ziemlich selten, in Laubwäldern unter Eichen und Buchen. Hut 7-14 cm breit, mit braunen, seidigen Fasern bedeckt. Lamellen erst weißlich, dann rosa. Sehr giftig!

▶ Bitterschwamm

Meist im Gebirge in Nadelwäldern. Hut 3-15 cm breit, hellbraun bis grünlichbraun. Röhren an der Schnittfläche blaugrün. Stiel gleichmäßig dick, rot gefärbt, unter dem Hut gelblich. Sehr bitter und ungenießbar.

Wildpflanzen

◂ Scharbockskraut

Stengel niederliegend, 5-10 cm hoch. Blätter wie die goldgelben Blüten glänzend, kahl. Feuchte Waldränder, Wiesen; häufig. März-Mai.

▸ Goldnessel

Stengel 4-kantig, bis 40 cm hoch, zum Teil übergebogen und an der Spitze wurzelnd. Blätter gegenständig. Feuchte Laubwälder; verbreitet. April-Juli.

◂ Stengellose Schlüsselblume

Stengel kurz bis fehlend. Blätter in einer Rosette, runzelig, auf der Oberseite kahl. Feuchte Wälder und Gebüsche; selten. März-Mai.

Wald-Ziest

Stengel bis 40 cm hoch. Blätter brennesselartig, aber nicht brennend. Blüten in Trauben. Feuchte Laubwälder, Gebüsche; verbreitet. Juni-August.

Roter Fingerhut

Stengel bis 1,5 m hoch. Blüten einseitig, hängend, bis 6 cm lang. Laubwälder, Kahlschläge; verbreitet. Giftig! Juni-Juli.

Hain-Veilchen

Stengel kriechend, 10 cm hoch. Blätter herzförmig. Blüten 2 cm breit, Sporn weiß. Wälder; verbreitet. April-Mai.

▸ Kleines Immergrün

Stengel weithin über den Boden kriechend, etwas verholzt. Blätter immergrün. Laubwälder, Gebüsche; verbreitet. März-Juni.

◂ Hasenglöckchen

Dichte Rasen bildend. Stengel 30 cm hoch. Blätter schmal. Blüten glockenförmig, hängend. Laubwälder; selten. Geschützt! März-Mai.

▸ Kriechender Günsel

Pflanze mit langen Ausläufern. Stengel aufrecht, 10-30 cm hoch. Blätter in einer Rosette. Wiesen, feuchte Gebüsche und Wälder; verbreitet. Mai-August.

◀ Wald-Sauerklee

Pflanze kriechend, 10 cm hoch. Blätter kleeartig, aber 4-teilig und sauer schmeckend. Feuchte Laub- und Nadelwälder; verbreitet. April-Mai.

▶ Wald-Erdbeere

Stengel bis 20 cm hoch. Mit langen Ausläufern. Kelchblätter abstehend. Wälder, Gebüsche; verbreitet. Mai-Juni.

◀ Busch-Windröschen

Mit langen unterirdischen Kriechsprossen. Stengel bis 20 cm hoch. Blätter gestielt, gefiedert. Laubwälder, Gebüsche, Wiesen; verbreitet. März-Mai.

▸ Wald-Bingelkraut ⊘

Pflanze männlich oder weiblich, mit langen unterirdischen Ausläufern. Stengel 15-30 cm hoch. Blätter gestielt, gesägt. Feuchte Laubwälder; verbreitet. April-Mai.

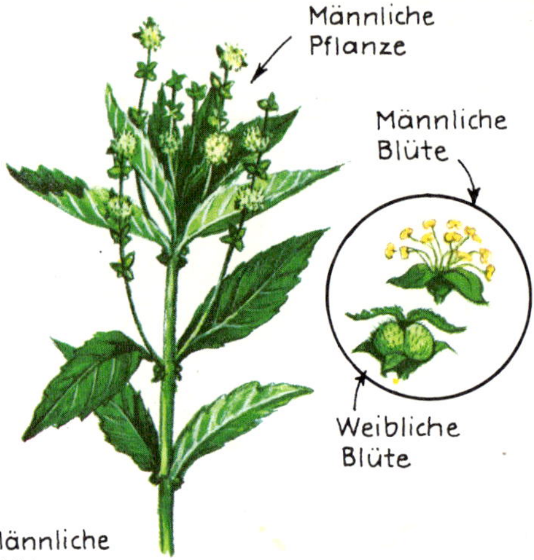

◂ Große Brennessel ⊘

Stengel bis 1,5 m hoch. Pflanze mit Brennhaaren. Blütenstände hängend. Wälder und Schuttstellen; häufig. Juni-Oktober.

▸ Aronstab ⊘

Die Blüten sind eingeschlechtlich und sitzen an einem Kolben, ganz unten sind die weiblichen, darüber die männlichen und darüber unfruchtbare. Blätter pfeilförmig. Wächst in Laubwäldern; zerstreut. April-Mai.

Farne

Adlerfarn

Blätter (Wedel) breit, hellgrün, 2- bis 4-fach gefiedert, etwas übergebogen, im Herbst rostbraun und verwelkend. Kiefernwälder, Gebüsche, Waldschläge; häufig.

Tüpfelfarn, Engelsüß

Wedel schmal, kammförmig gefiedert, mit breiten Abschnitten, auch im Winter grün. Eichenwälder und Kiefernwälder, auf saurem Boden; verbreitet.

Rippenfarn

Wedel kammförmig gefiedert, die sporentragenden mit schmalen, die anderen mit breiten Abschnitten. Fichten- und Tannenwälder, meidet Kalkböden, braucht Feuchtigkeit. Im Bergland häufiger, sonst zerstreut.

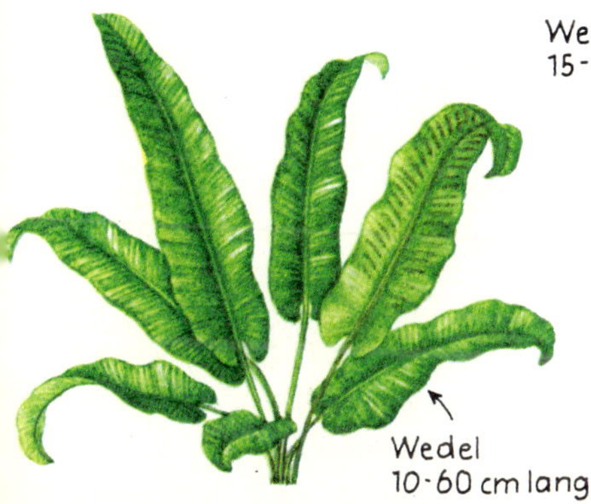

Hirschzunge

Wedel ganzrandig, schmal, zugespitzt, am unteren Ende herzförmig, zuerst weich und grün, zuletzt dunkel und lederig. Feuchte Wälder, vor allem in den Alpen und im südlichen Deutschland, sonst selten.

Schmetterlinge

▶ **Queckfalter oder Waldbrettspiel**

Fliegt von April-Juni und Juli-September in Laubwäldern und setzt sich auf Blätter, die von der Sonne beschienen werden. Die Larve lebt an Gräsern. FS 76-84 mm.

▼ **Kleiner Eisvogel**

Fliegt von Juni bis August in feuchten, hellen Laubwäldern und kommt nur auf die Erde, um zu trinken. Die grüne Raupe ist mit rötlichen Dornen besetzt und lebt an Geißblatt. FS 55-60 mm.

▲ **C-Falter**

Hat gebuchtete Flügel und ein weißes, c-förmiges Muster auf der Flügelunterseite. Fliegt schon im Frühjahr an Waldrändern. Die Raupe lebt an verschiedenen Pflanzen. FS 45-55 mm.

▸ Großer Schillerfalter

Fliegt von Juni-August in den Baumkronen. Das Männchen schillert im Sonnenschein bläulich. Die Raupe lebt an Salweiden und hat 2 auffällige Kopfhörner. Ist vom Aussterben bedroht. FS 70-80 mm.

◂ Märzveilchenfalter

Fliegt über Waldlichtungen und sitzt häufig auf den Blütenkörbchen der Disteln. Die Larve lebt an Märzveilchen. FS 60-68 mm.

◂ Faulbaumbläuling

Kommt nur im Süden vor, wo es in offenen Wäldern Stechpalmen und Efeu gibt. Die Larve lebt an den Knospen dieser Gehölze. FS 33-35 mm.

Nachtfalter

Diese Schmetterlinge kann man während der Sommermonate in den Wäldern finden. Aber nur wenige fliegen am Tage. Meist sitzen sie an Baumstämmen und Blättern. Abends kann man sie dagegen mit einer Taschenlampe anlocken.

▸ **Blausieb**

Diese Art braucht 2 Jahre zu ihrer Entwicklung. Die Raupe lebt in den Stämmen und Ästen von Eschen, Kastanien und anderen Laubbäumen und frißt Gänge in das Holz. Männchen (FS 50 mm) und Weibchen (FS 70 mm) sind gleich gefärbt.

◂ **Weidenbohrer**

Fliegt im Juni-Juli, sitzt tagsüber an Baumstämmen und ist schwer zu sehen. Die bis 10 cm lange, fingerdicke Raupe bohrt Gänge in die Stämme von Weiden und Pappeln und lebt dort 3-4 Jahre. FS 70-90 mm.

▸ **Roseneule**

Fliegt im Mai-Juni und August-September in lichten Laubwäldern, aber nur nachts. Die Raupe lebt auf Brombeer und Himbeer. FS etwa 35 mm.

◂ **Grüneule**

Fliegt von August-Oktober in Laubwäldern, in denen es viele Eichen gibt. Die Raupe lebt auf Eichen, Buchen und Eschen. FS 42-50 mm.

Birkenspanner

Fliegt von Mai-Juni und im August in Birken- und Erlenbeständen. Kommt auch in einer dunkleren Form vor. Die Raupe lebt auf Buchen, Eichen und Weiden. FS 25-30 mm.

Kiefernspanner

Männchen und Weibchen sehen sehr verschieden aus, die Männchen sind schwarzbraun gefärbt. Die Raupen leben an Kiefern und richten oft erhebliche Schäden an. FS 25-40 mm.

Eichenwickler

Die Vorderflügel sind hellgrün und nur am Rande gelblich, die Hinterflügel sind grau gefärbt. Die Raupen rollen Eichenblätter zusammen und verspinnen sie. Bei Massenauftreten richten sie großen Schaden an. FS 20-30 mm.

Kiefernschwärmer

Fliegt von Mai-Juli in Kiefernwäldern, sitzt tagsüber an Baumstämmen. Die Raupe lebt nur an Kiefern und verpuppt sich in der Erde unter dem Fraßbaum. FS 65-85 mm.

Käfer

In den Wäldern gibt es viel mehr Käfer als du glaubst. Nur wenige kannst du am Tage auf Blüten finden. Die meisten leben unter Steinen, herabgefallenen Blättern oder unter der Baumrinde.

▸ **Haselnußbohrer**

Häufig. Das Weibchen hat einen langen, gebogenen Rüssel, in dessen Mitte die Fühler stehen. Lebt auf Haselnußsträuchern, in deren Früchten sich die Larven entwickeln. 6-9 mm lang.

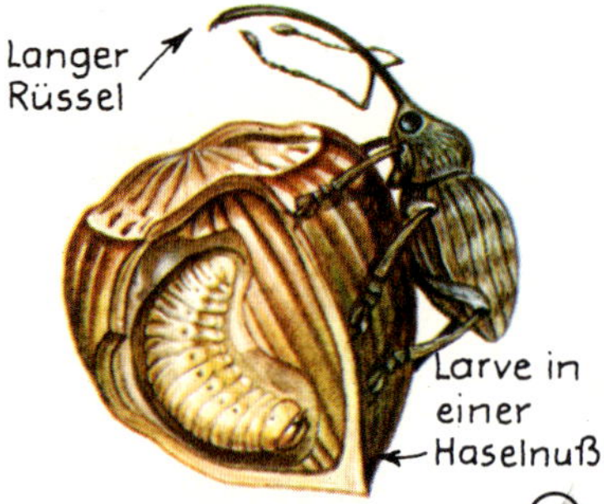

◂ **Großer Kieferrüßler**

Hat auf dunklem Untergrund gelbe Flecken. Frißt die Rinde junger Nadelbäume und kann dadurch schädlich werden, denn die Bäume sterben ab. Die Larven leben an Wurzeln und Baumstümpfen von Kiefern und Fichten. Länge 10-15 mm.

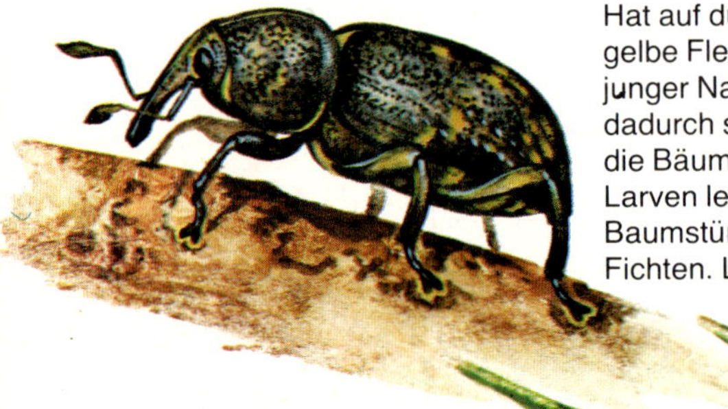

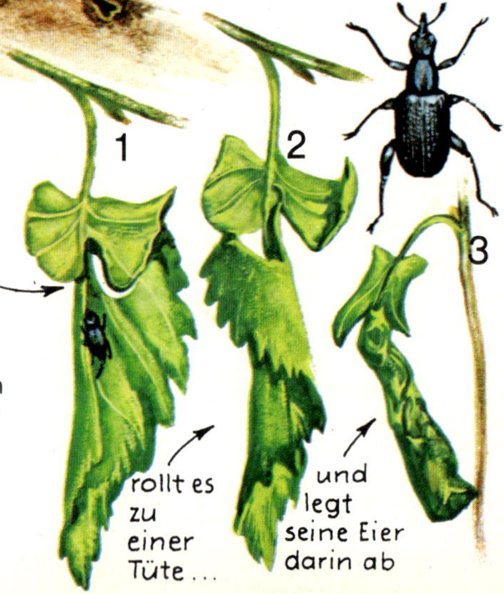

▸ **Birken-Blattroller**

Dreht Birkenblätter zu einer Tüte zusammen, in der die Larven leben. Seltener werden auch Erlen, Hasel und Buchen verwendet. Die Larven ernähren sich von den Blättern. Länge 3-5 mm.

▸ Hirschkäfer

Selten. Nur das Männchen hat ein Geweih. Leckt Baumsäfte auf. Lebt in Eichenwäldern und schwärmt von Juni-Juli. Die Larven leben in Baumstümpfen. 25-75 mm lang. Geschützt!

◂ Ameisenbuntkäfer

Erinnert an eine Waldameise (Name). Läuft an den Stämmen von Kiefern und Fichten umher und sucht Borkenkäfer, von denen er sich (wie auch seine Larve) ernährt. 7-10 mm lang.

▸ Vierstreifen-Schmalbock

Ist im Sommer nicht selten; lebt auf Blüten, die er benagt. Die Larve lebt in morschem Holz von Weiden und anderen Laubbäumen, vorwiegend in feuchten Wäldern. 15-20 mm lang.

◂ Buchdrucker

Lebt unter der Rinde der Fichten (aber auch Kiefern und Lärchen) und frißt deren untere Schichten auf. Dadurch sterben die Bäume ab. 3-4 mm lang.

◀ **Violetter Laufkäfer**

Ist ab und zu unter größeren Steinen in Laubwäldern zu finden. Der Käfer und seine Larve leben räuberisch von anderen Insekten und von Würmern. Verpuppt sich im Boden. 30-35 mm lang.

▶ **Augenfleckiger Marienkäfer**

Häufig. Lebt auf Nadelbäumen und frißt Blattläuse. Die schwarzen Punkte fehlen manchmal, der Vorderrücken ist aber immer schwarz und gelb gefärbt. 8-9 mm lang.

◀ **Glühwürmchen**

Nicht selten. Weibchen ungeflügelt. Larven und Käfer haben ein Leuchtorgan. Lebt im Frühsommer an Hecken und Waldrändern. Die Larven ernähren sich von Schnecken. Männchen 12 mm lang, Weibchen 18 mm lang.

Weitere Waldinsekten

Räuberische Baumwanze

In Laubwäldern nicht selten. Saugt die Larven und Raupen anderer Insekten aus und ist deshalb für den Forstmann nützlich. Die Wanzen überwintern. 12-15 mm lang.

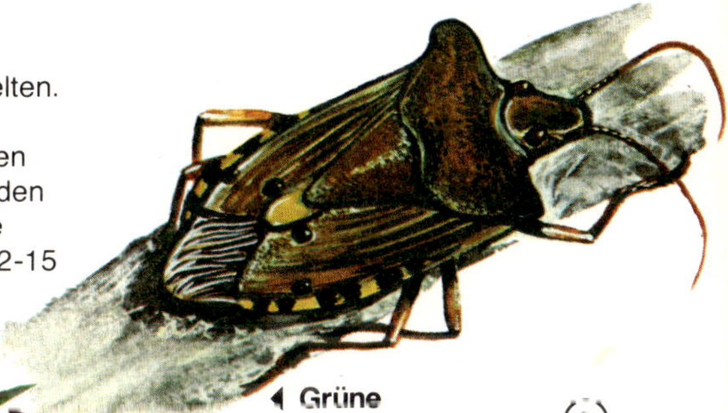

Grüne Fichtengallenlaus

An jungen Fichtenzweigen treten Gallen auf. Sie platzen im Juli auf und entlassen geflügelte Tiere, die sich auf Lärchen vermehren. Diese Tiere gehen wieder an Fichten. Länge 1,5-2,5 mm.

Kommaschildlaus

Das Weibchen (auch die Eier und Larven) lebt unter einer kommaförmigen Wachsausscheidung, die aber nicht mit seinem Körper verwachsen ist. Nur die Männchen sind geflügelt. Schildläuse können an Laubbäumen schädlich werden. Länge 2-3 mm.

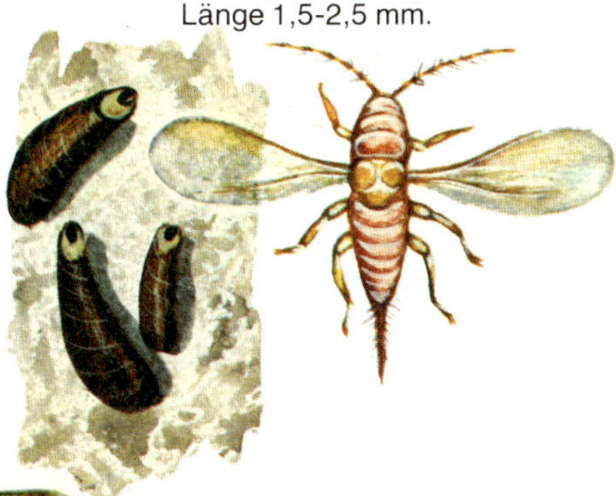

Waldgrille

Lebt in Wäldern unter verwesendem Laub. Das Männchen hat einen auffallenden Gesang und ist flügellos. 8-9 mm lang.

Wespen

Riesenholzwespe

Fliegt im Sommer in Wäldern und legt Eier in Tannen- und Fichtenholz ab. Die Larve lebt 3 Jahre und frißt Gänge durch das Holz. 20-35 mm lang.

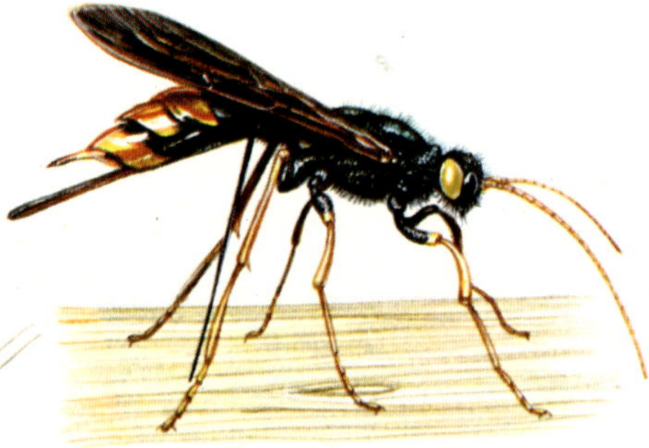

Riesenschlupfwespe

Nicht häufig. Das Weibchen stößt seinen Legebohrer durch das Holz in die Larve einer Riesenholzwespe und legt ein Ei darin ab. Die Larve der Schlupfwespe frißt ihre Beute allmählich auf. 20-35 mm lang.

Hornisse

Häufig. Legt ihre Nester in hohlen Bäumen an. Ernährt sich von Früchten und Baumsäften. Hornissenstiche können tödlich sein! Königin 25-35 mm lang, Arbeiterinnen 18-24 mm lang.

Große Birkenblattwespe

Selten. Lebt in Laubwäldern, nagt Kerben in die Rinde der Zweige und leckt den austretenden Zuckersaft auf. Die Eier werden in Blättern abgelegt. 17-23 mm lang.

Weitere Bodeninsekten

Rote Waldameise

Lebt in Wäldern und baut aus Kiefern- und Fichtennadeln große Haufen. Ernährt sich vom Honigtau der Blattläuse und von anderen Forstschädlingen. 5-11 mm lang. Geschützt!

Brauner Steinläufer

Lebt unter morschem Holz und umgefallenen Baumstämmen. Ernährt sich räuberisch von Insektenlarven, Asseln und Spinnen und ist nachts aktiv. 20-32 mm lang.

Wald-Schnurfüßer

Lebt an feuchten Orten unter verwesenden Blättern und unter Steinen. Rollt sich bei Gefahr zusammen. Kann über 100 Beinpaare haben. Bis 30 mm lang.

Spinnen

So verschieden die Spinnen aussehen, so unterschiedlich sind auch ihre Netze. Nicht alle im Wald lebenden Spinnen bauen Netze, manche legen sich auf die Lauer und überwältigen ihre Beute.

▸ **Raubspinne** ◯

Baut kein Nest, sondern jagt ihre Beute. Lebt in lichten Wäldern mit viel Gebüsch. Das Weibchen trägt den Eikokon zwischen den Mundwerkzeugen. 11-15 mm.

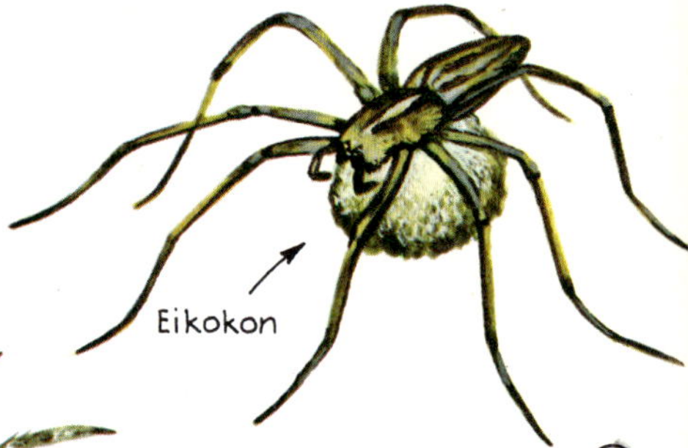

◂ **Zebra-Springspinne** ◯

Baut kein Netz. Sitzt im Sonnenschein an Baumstämmen. Die Weibchen bewachen ihre Ei-Nester, die unter Rinde oder in Erdspalten angelegt werden. 5-7 mm lang.

▸ **Gemeine Kreuzspinne** ◯

Häufig. Tötet die Beute durch einen giftigen Biß (für den Menschen ungefährlich). Sitzt im Zentrum des Netzes. Männchen 7-9 mm, Weibchen bis 18 mm lang.

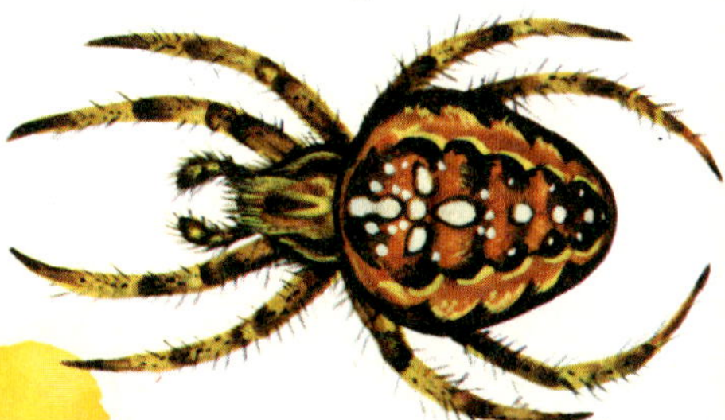

◂ **Krabbenspinne** ◯

Kann wie eine Krabbe seitwärts laufen. Lebt auf Blüten und wartet auf Insekten, vor allem Bienen. Nimmt die Farbe der Blüte an. Männchen 4 mm, Weibchen 10 mm lang.

Wir zählen Jahresringe

Im Wald siehst du häufig zersägte Baumstämme. Auf dem Querschnitt kannst du viele Ringe sehen. In jedem Jahr entsteht ein neuer Ring; aus der Anzahl der Jahresringe kannst du also genau das Alter eines Baumes erfahren.
Wenn du das Holz mit einer Lupe betrachtest, so wirst du feststellen, daß jeder Ring mit hellem Holz und großen Poren beginnt. Das ist der Teil, der im Frühjahr angelegt wird, wenn der Baum viel Wasser braucht. Im Sommer und Herbst ist das Holz dunkler und die Poren sind enger. Auf die gleiche Weise kannst du auch feststellen, ob es sich um ein feuchtes Jahr oder ein trockenes gehandelt hat.

Was ein Jahresring zeigt

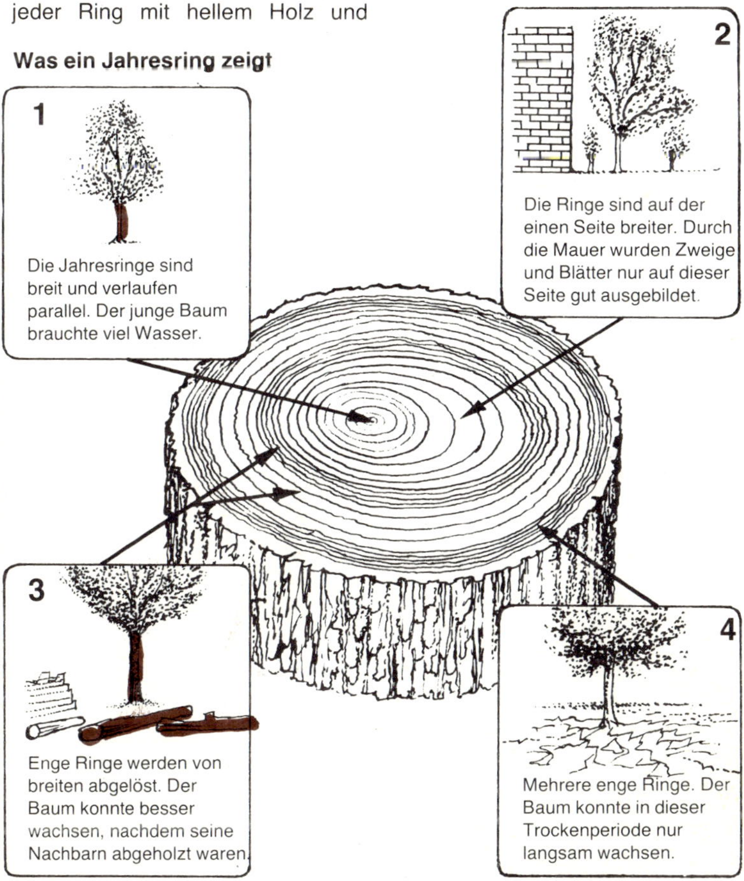

Unsere Wälder

Große Teile Mitteleuropas sind von Wäldern bedeckt. Aber wo immer du auch hinkommst: natürliche, vom Menschen unbeeinflußte Wälder gibt es heute nirgends mehr. Unsere Wälder sind Wirtschaftsforste. Nach den vorherrschenden Baumarten kann man sie in Nadelwälder und Laubwälder unterteilen. Sie unterscheiden sich sehr stark voneinander, denn die Nadelwälder sind auch im Winter grün, während die Laubbäume im Herbst ihre Blätter abwerfen.

Nadelwälder

In den Nadelwäldern ist es das ganze Jahr über dunkel, da die Bäume ihre Nadeln nicht abwerfen. Sie geben dem Wild und den Vögeln guten Schutz. Aber Pflanzen können in diesem trüben Licht nicht gedeihen. Man findet hier nur Moose, Farne, Pilze und Flechten.

Die Nadelbäume haben fast alle einen durchgehenden Stamm, der sich überhaupt nicht oder – bei den Kiefern – nur im oberen Teil verzweigt. Sie liefern deshalb ein gutes Nutzholz.

Unsere wichtigsten Nadelbäume haben Zapfen, in denen sich die Samen entwickeln. Sie werden deshalb Koniferen (das heißt Zapfenträger) genannt.

Ihre Blätter sind schmal und werden Nadeln genannt. Nur bei wenigen Arten sind die Blätter schuppenförmig.

▲ **Diese Nadeln stehen in Büscheln**

▲ **Diese Nadeln stehen einzeln**

▶ **Diese Nadeln sind schuppenförmig**

Das Leben im Laubwald

Dieses Bild zeigt einige Pflanzen und Tiere, die du in Laubwäldern beobachten kannst.

Das Notizbuch für alle Jahreszeiten

Wenn du regelmäßig die Pflanzen und Tiere in einem Wald beobachtest, wirst du so viele Dinge sehen, daß du sie unmöglich behalten kannst. Deswegen solltest du so bald wie möglich ein Notizbuch anlegen, in dem du deine Entdeckungen vermerkst. Am besten eignet sich dazu ein Ringbuch.

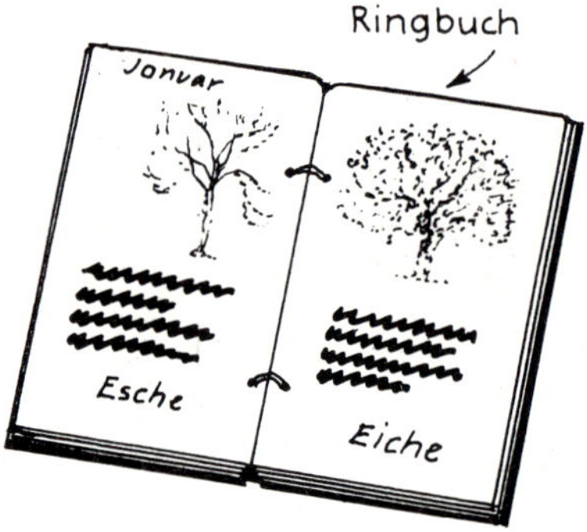

Winter

EICHE

Im Winter, wenn die Laubbäume ihre Blätter abgeworfen haben, ist der Aufbau des Baumes besonders gut zu sehen. Du kannst die Bäume an ihren Zweigen und Knospen erkennen.

EICHE

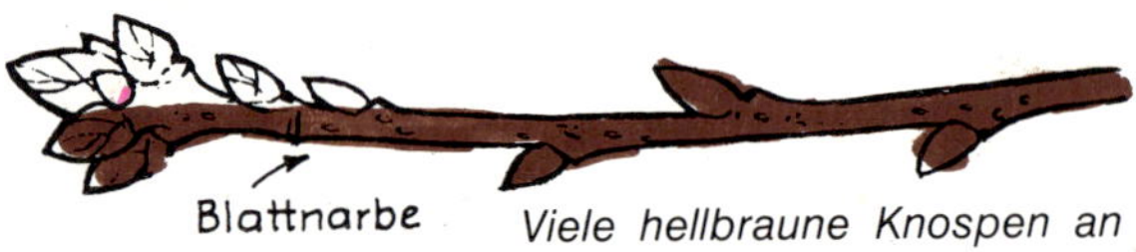

Viele hellbraune Knospen an rauhen Zweigen

BERGAHORN

Große Knospen mit dunklen, gegenüberstehenden Schuppen

ROTDORN

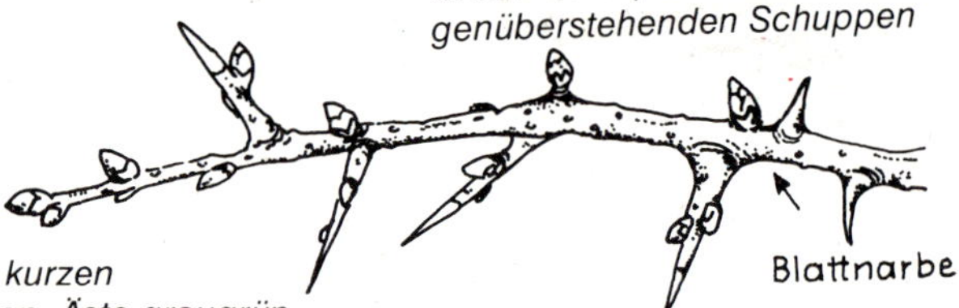

Knospen an kurzen Seitenzweigen, Äste graugrün

Du kannst einige Zweige abschneiden und sie auf eine steife Pappe kleben. Wenn du im Sommer einen Zweig mit Blättern hinzufügst, hast du bald eine schöne Sammlung.

Seite	Art	Punkte			
21	Buchfink	5			
21	Fichtenkreuz-schnabel	15			
21	Zeisig	15			
21	Birkenzeisig	20			
22	Waldbaumläufer	15			
22	Eichelhäher	10			
22	Kleiber	10			
22	Ringeltaube	5			
23	Fasan	10			
23	Waldschnepfe	25			
23	Auerhuhn	25			
24	Rothirsch	15			
24	Damhirsch	20			
24	Reh	10			
24	Rotfuchs	15	X		
25	Dachs	25			
25	Iltis	25			
25	Wildkatze	25			
25	Baummarder	25			
26	Waldmaus	10			
26	Gelbhalsmaus	20			
26	Waldspitzmaus	15			
26	Haselmaus	15			
26	Zwergspitzmaus	20			
		Summe			

Seite	Art	Punkte			
27	Grauhörnchen	25			
27	Eichhörnchen	10			
27	Wildkaninchen	5			
27	Feldhase	5			
28	Edelreizker	15			
28	Violetter Lacktrichterling	5			
28	Nelken-Schwindling	10			
28	Kahler Krempling	10			
29	Pfifferling	20			
29	Wald-Champignon	15			
29	Steinpilz	10			
29	Hallimasch	5			
30	Graukappe/Nebelgrauer Trichterling	5			
30	Kirschroter Spei-Täubling	5			
30	Brätling	10			
30	Grüner Knollenblätterpilz	15			
31	Fliegenpilz	5			
31	Stinkmorchel	5			
31	Riesenrötling	15			
31	Bitterschwamm	25			
32	Scharbockskraut	5			
32	Goldnessel	10			
32	Stengellose Schlüsselblume	15			
33	Wald-Ziest	10			
		Summe			

Seite	Art	Punkte			
33	Roter Fingerhut	10			
33	Hain-Veilchen	10			
34	Kleines Immergrün	15	X		
34	Hasenglöckchen	25			
34	Kriechender Günsel	10			
35	Wald-Sauerklee	5			
35	Wald-Erdbeere	10			
35	Busch-Windröschen	5			
36	Wald-Bingelkraut	5			
36	Große Brennessel	5			
36	Aronstab	15			
37	Adlerfarn	10			
37	Tüpfelfarn/ Engelsüß	15 15			
37	Rippenfarn	20			
37	Hirschzunge	20			
38	Queckenfalter/ Waldbrettspiel	10			
38	Kleiner Eisvogel	15			
38	C-Falter	15			
39	Großer Schillerfalter	20			
39	Märzveilchen-falter	15			
39	Faulbaum-bläuling	15			
40	Blausieb	10			
40	Weidenbohrer	15			
40	Roseneule	10	X		
		Summe			

Seite	Art	Punkte			
40	Grüneule	10			
41	Birkenspanner	5			
41	Kiefernspanner	5			
41	Eichenwickler	10			
41	Kiefernschwärmer	5			
42	Haselnußbohrer	15			
42	Großer Kieferrüßler	10			
42	Birken-Blattroller	15			
43	Hirschkäfer	25			
43	Ameisenbunt-käfer	20			
43	Vierstreifen-Schmalbock	15			
43	Buchdrucker	5	X		
44	Violetter Laufkäfer	15			
44	Augenfleckiger Marienkäfer	10			
44	Glühwürmchen	10			
45	Räuberische Baumwanze	20			
45	Grüne Fichten-gallenlaus	15			
45	Komma-schildlaus	15			
45	Waldgrille	20			
46	Riesenholz-wespe	20			
46	Riesenschlupf-wespe	20			
46	Hornisse	5			
46	Große Birkenblattwespe	15			
47	Rote Waldameise	15			
		Summe			

Seite	Art	Punkte				Seite	Art	Punkte			
47	Brauner Steinläufer	10				48	Zebra-Springspinne	20			
47	Wald-Schnurfüßler	10				48	Gemeine Kreuzspinne	5			
48	Raubspinne	15				48	Krabbenspinne	25			
		Summe						Summe			

Gesamt-Summe		

Namensverzeichnis